**Bibliografische Information der Deutschen Nationalbibliothek:**

Die Deutsche Bibliothek verzeichnet diese Publikation in der Deutschen National-bibliografie; detaillierte bibliografische Daten sind im Internet über http://dnb.d-nb.de/ abrufbar.

**Impressum:**

Copyright © 2015 GRIN Verlag
Druck und Bindung: Books on Demand GmbH, Norderstedt Germany
ISBN: 9783668731318

**Dieses Buch bei GRIN:**

https://www.grin.com/document/428870

Anna Weigele

# Einführung in die projektive Geometrie. Der Satz von Pappus

GRIN Verlag

Universität Regensburg
Fakultät für Mathematik

# Einführung in die projektive Geometrie

# –

# Der Satz von Pappus

Anna Weigele

Seminararbeit

Universität Regensburg

17.08.2015

# Inhaltsverzeichnis

# 1. Einleitung

Stellen Sie sich vor, sie fahren mit ihrem Auto eine „unendlich lange" Straße entlang und folgen stets mit ihrem Blick den Seitenmarkierungen der Straßen, so scheint es, wie wenn diese aufeinander zulaufen und sich in der „unendlichen Ferne" treffen (Wahner, 2011). Vergleiche hierzu auch Abbildung 1. Dieser Gedankengang führt zur projektiven Geometrie, auch Geometrie der Lage genannt. Hierbei wird jede Schar von parallelen Geraden um einen sogenannten Fernpunkt ergänzt. Anders gesagt schneiden sich somit alle Geraden.

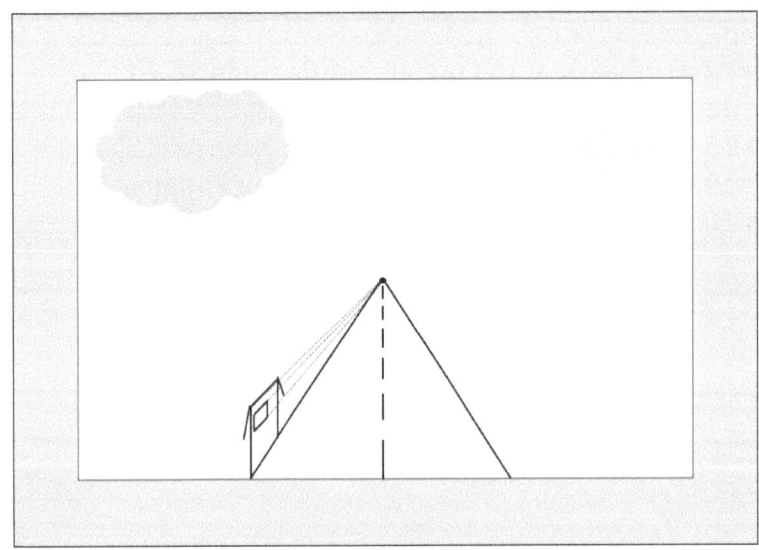

Abbildung 1: Veranschaulichung des Fernpunkts paralleler Geraden

Die projektive Geometrie ist kein Werk aus der Vergangenheit, sondern eines aus der neueren Zeit. Die strukturierte Zusammenfassung und Weiterbildung von Begriffen und Sätzen der projektiven Geometrie brachten eine ganz neue Sorte geometrischer Forschung hervor. Jedoch wurde die projektive Geometrie als eigenständige Disziplin erst im 19. Jahrhundert etabliert (Koecher & Krieg, 2007).

Auch kann man sagen, „dass die Tochter, die projektive Geometrie, von ihrer Mutter, der griechischen oder Euklidische Geometrie, immer unabhängiger wurde und schließlich geradezu in einen gewissen Gegensatz zu ihr trat" (Zacharias, 1951, S. 5). Zum einen weisen bei Euklid alles Figuren eine gewisse Starre und Unbeweglichkeit auf, bei der projektiven Geometrie bewegen sich die Elemente. Zum anderen ist ein großer Unterschied, dass es bei der euklidischen Geometrie eine endliche Zahl der

Bestandteile einer Figur ist und die projektive Geometrie beschäftigt sich mit unendlich vielen Punkten. Das heißt, dass der Geometer aus der Moderne danach strebt allgemeiner und weitumfassendere Sätze und Beziehungen aufzustellen im Gegensatz zu dem Interesse des griechischen Geometers (Zacharias, 1951).

Der Grundgedanke der projektiven Geometrie ist es den dreidimensionalen Raum, so wie er optisch von uns wahrgenommen wird, perspektivisch ohne Fehler im zweidimensionalen darzustellen.

Eine Motivation sich mit der projektiven Geometrie zu beschäftigen, ist die Untersuchung von Geraden. Es ist uns bereits bekannt, dass sich in jeder affinen Ebene des $\mathbb{R}^n$ zwei verschiedene Geraden schneiden oder parallel liegen. Geht man diesem Ansatz nun nach, so ist das Ziel der projektiven Geometrie, eine affine Ebene um unendlich ferne Punkte auszudehnen, damit sich auch zwei parallele Geraden stets im Unendlichen schneiden.

## 2. Hinführung zur projektiven Ebene

### 2.1 Konstruktion der projektiven Ebene aus der affinen Ebene

Da die affine Ebene Teil unseres Vorwissens ist, soll die projektive Ebene anhand dieser erklärt bzw. konstruiert werden. Dazu folgen nun die einzelnen Schritte auf dem Weg von der affinen Ebene über den reellen Zahlen $\mathbb{R}$ hin zur projektiven Ebene über den reellen Zahlen $\mathbb{R}$.

    i.   Die affine Ebene über den reellen Zahlen $\mathbb{R}$ ist die analytische Ebene $\mathbb{R}^2$. Im Folgenden soll diese mit $\mathbf{A}^2(\mathbb{R})$ bezeichnet werden.

        Wir wissen bereits dass in $\mathbf{A}^2(\mathbb{R})$ für zwei verschiedene Geraden $g_1$ und $g_2$ folgendes gilt:

          a.  $g_1$ und $g_2$ schneiden sich in einem Punkt P

          b.  $g_1$ und $g_2$ sind parallel, d.h. sie haben keinen gemeinsamen Schnittpunkt P.

    ii.  Damit sich zwei verschiedene Geraden stets in einem Punkt schneiden, fügt man nun in jeder Geradenrichtung einen unendlich-fernen Punkt hinzu. Dieser unendlich-ferne Punkt liegt auf jeder Geraden dieser Richtung
→ Nun schneiden sich zwei verschiedene, parallele Geraden und haben genau einen Schnittpunkt P, nämlich den unendlich-fernen Punkt in ihrer gemeinsamen Richtung. Eine unendlich-ferne Gerade ist dabei die Menge aller unendlich fernen Punkte.

    iii. Fügt man nun die affine Ebene $\mathbf{A}^2(\mathbb{R})$ mit der unendlich-fernen Geraden zusammen, so erhält man die projektive Ebene $\mathbf{P}^2(\mathbb{R})$ über den reellen Zahlen $\mathbb{R}$.

    iv. Die affine Ebene $\mathbf{A}^2(\mathbb{R})$ ist in der projektiven $\mathbf{P}^2(\mathbb{R})$ enthalten. Man stelle sich dazu folgendes vor:
Zuerst wird die affine Ebene $\mathbf{A}^2(\mathbb{R})$ in den dreidimensionalen Raum $\mathbb{R}^3$ gelegt, wobei die xy-Ebene um 1 nach oben gehoben wird.
Die Punkte $\{(x, y, 1) \in \mathbb{R}^3 \mid x, y \in \mathbb{R}\}$ sind genau die Punkte im Raum $\mathbf{A}^2(\mathbb{R})$.
Im Folgenden soll nun $\mathbf{A}^2(\mathbb{R})$ (in den folgenden Abbildungen grün, schwarz) so identifiziert werden.

v. Man stellt nun fest, dass jeder Punkt (x, y, 1) in dem oben definierten affinen Raum $\mathbf{A}^2\,(\mathbb{R})$, legt im $\mathbb{R}^3$ eine eindeutige Ursprungsgerade (in Abbildung 2 blau) fest, und zwar die Gerade durch die beiden Punkte (0, 0, 0) und (x, y, 1). Abbildung 2 veranschaulicht dies.

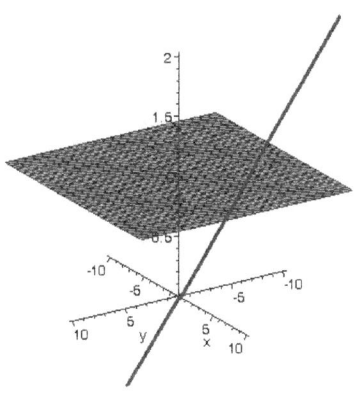

Abbildung 2: Darstellung der affinen Ebene $A^2\,(\mathbb{R})$ und zugehöriger Ursprungsgeraden

vi. Auch gilt, wie Abbildung 3 verdeutlicht, eine Gerade (in Abbildung 3 rot) im $\mathbf{A}^2$ $(\mathbb{R})$, die durch die beiden verschiedenen affinen Punkte $(x_1, y_1, 1)$ und $(x_2, y_2, 1)$ verläuft, legt im $\mathbb{R}^3$ eine eindeutige Ursprungsebene (in Abbildung 3 gestreift) fest, nämlich die Ebene durch die drei Punkte:

$$(0, 0, 0)\,,\,(x_1, y_1, 1)\,,\,(x_2, y_2, 1)$$

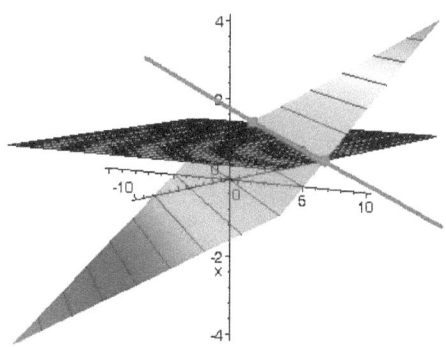

Abbildung 3: Darstellung der Ursprungsebene, die durch Gerade im $A^2\,(\mathbb{R})$ festgelegt wurde

vii.  Nun gibt es zwei Fälle die man beobachten kann:

a. Gibt es im $A^2(\mathbb{R})$ zwei verschiedene, nicht parallele Geraden, $g_1$ und $g_2$ (in Abbildung 4 rot markiert) dann gilt:

Gehört die Ursprungsebene $E_1$ zu $g_1$ und die Ursprungsebene $E_2$ zu $g_2$, so schneiden sich $E_1$ und $E_2$ (in Abbildung 4 gestreift) in einer Ursprungsgeraden (in Abbildung 4 blau gekennzeichnet), die durch den affinen Schnittpunkt der affinen Geraden $g_1$ und $g_2$ gegeben ist.

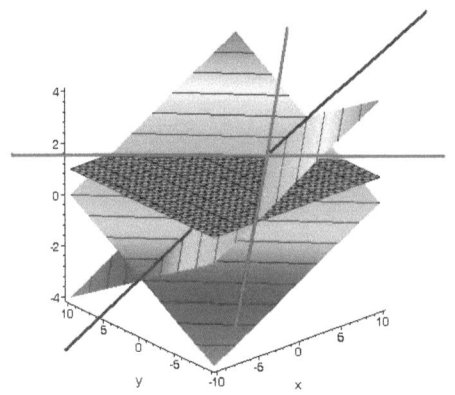

Abbildung 4: Ursprungsgerade als Schnittpunkt zweier durch nicht paralleler Geraden im $A^2(\mathbb{R})$ aufgespannten Ursprungsebenen

b. Gibt es nun im $A^2(\mathbb{R})$ zwei verschiedene parallele Geraden $g_1$ und $g_2$, dann seien wieder $E_1$ und $E_2$ je die zugehörigen Ursprungsebenen im $\mathbb{R}^3$ Nun schneiden sich $E_1$ und $E_2$ in einer Ursprungsgeraden, die mit der affinen Ebene $A^2(\mathbb{R})$ keinen gemeinsamen Schnittpunkt hat, somit liegt sie ganz in der xy-Ebene.

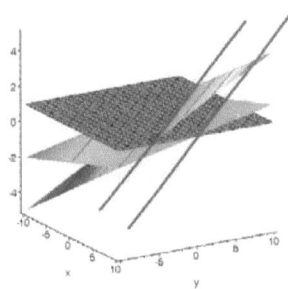

Abbildung 5: Ursprungsgerade, die ganz in der xy-Ebene liegt, als Schnittpunkt zweier durch paralleler Geraden im $A^2(\mathbb{R})$ aufgespannten Ursprungsebene

8

viii.   Folglich stellt man nun bei der Betrachtung aller Ursprungsgeraden des $\mathbb{R}^3$ fest, dass diese in zwei Teilmengen zerfallen:

     a.   In solche, die $\mathbf{A}^2\,(\mathbb{R})$ schneiden, denen man also einen affinen Punkt zuordnen kann.

     b.   In solche, die $\mathbf{A}^2\,(\mathbb{R})$ nicht schneiden.

## 2.1.1 Definition projektive Ebene P 2 ($\mathbb{R}$)

Die **projektive Ebene $\mathbf{P}^2\,(\mathbb{R})$** := {g | g ist Ursprungsgerade im $\mathbb{R}^3$} ist die Menge der Ursprungsgeraden im $\mathbb{R}^3$. Wobei gilt:

  i.   Die Punkte der projektiven Ebene $\mathbf{P}^2\,(\mathbb{R})$ sind die Ursprungsgeraden des $\mathbb{R}^3$.

  ii.   Die Geraden der projektiven Ebene $\mathbf{P}^2\,(\mathbb{R})$ sind gerade die Ursprungsebenen des $\mathbb{R}^3$.

  iii.   Die affine Ebene $\mathbf{A}^2\,(\mathbb{R})$ ist darin enthalten, nämlich als die Menge der Ursprungsgeraden, die durch Punkte der Form (x, y, 1) verlaufen.

  iv.   Die unendlich-fernen Punkte sind die Ursprungsgeraden in der xy-Ebene.

  v.   Die unendlich-ferne Gerade ist dabei die Ursprungsebene {(x, y, 0) | x, y $\in \mathbb{R}$}

## 2.1.2 Bemerkung:

Die Definition kann ohne weiteres auf n-dimensionale Räume ($n \in \mathbb{N}$) erweitert werden, indem man überall die 2 durch n und die 3 durch n+1 ersetzt. Ein Punkt im allgemeinen projektiven Raum $\mathbf{P}^n$ ist dann ein eindimensionaler Untervektorraum des $\mathbb{R}^{n+1}$. Eine Gerade im allgemeinen projektiven Raum $\mathbf{P}^n$ ist ein zweidimensionaler Untervektorraum des $\mathbb{R}^{n+1}$.

## 2.2 Einführung der Koordinaten der projektiven Ebene P$^2$ ($\mathbb{R}$)

Durch den Punkt (0, 0, 0) und einen davon abweichenden Punkt (X, Y, Z) wird eine Ursprungsgerade gegeben. Jedoch wird durch (0, 0, 0) und ($\lambda$X, $\lambda$Y, $\lambda$Z) mit $\lambda \neq 0$ die gleiche Gerade gegeben.

9

## 2.2.1 Definition: homogene Koordinaten

Nun werden folgende Koordinaten für die oben genannte Ursprungsgerade, also für den zugehörigen projektiven Punkt P, eingeführt:

$$P := (X : Y : Z)$$

mit der Eigenschaft:

$$(X : Y : Z) = (\lambda X, \lambda Y, \lambda Z)$$

für alle $\lambda \neq 0$.

Diese Koordinaten nennt man auch **homogene bzw. projektive Koordinaten** eines projektiven Punktes.

Damit gilt, dass ein affiner Punkt die Koordinaten $(X : Y : Z)$ mit $Z \neq 0$ hat, also:

$$(X : Y : Z) = (\tfrac{X}{Z} : \tfrac{Y}{Z} : 1) = (x : y : 1) \qquad (*)$$

Ein unendlich-ferner Punkt hat die Koordinaten $(X : Y : 0)$, wobei gilt dass X und Y nicht gleichzeitig 0 sein dürfen. (**)

## 2.2.2 Beispiel

$(X : 3X : 0) = (1 : 3 : 0)$ ist der einzige unendlich-ferne Punkt auf der affinen Geraden $y = 3x + 7$.

### Beweis:

Zunächst verwenden wir (*) aus Definition 2.2.1 und schreiben damit die Geradengleichung projektiv, d.h. wir setzen für $x = \frac{X}{Z}$ und für $y = \frac{Y}{Z}$

$$\rightarrow \frac{Y}{Z} = 3\frac{X}{Z} + 7 \qquad | \cdot Z$$

$$\rightarrow Y = 3X + 7Z$$

und erhalten somit unsere zugehörige Ursprungsebene.

Im nächsten Schritt suchen wir die unendlich-fernen Punkte darauf. Wir wissen aus (**), dass ein unendlich-ferner Punkt die Koordinaten $(X : Y : 0)$ hat, dies heißt insbesondere, dass $Z = 0$ sein muss. Daraus ergibt sich für unsere Gleichung

$$Y = 3X$$

Somit haben wir den Punkt

$$(X : 3X : 0) = (1 : 3 : 0)$$

als einzigen unendlich-fernen Punkt auf der Geraden. ☐

## 2.3 Inzidenzstruktur einer projektiven Ebene

### 2.3.1 Definition: Inzidenzstruktur

Ein Tripel von drei nichtleeren Mengen (P, G, I) mit I ⊆ P x G = {(A, g) | A∈P , g∈G}

heißt eine **Inzidenzstruktur**. Die Elemente von P = {A, B, C, ...} nennen wir Punkte und die von G = {g, h, i, ...} Geraden.

### 2.3.2 Definition: affine Inzidenzebene

Eine Inzidenzstruktur (P, G, I) heißt **affine Inzidenzebene**, wenn folgendes gilt:

I.  Zu je zwei verschiedenen Punkten A,B gibt es genau eine Gerade g mit der die beiden Punkte A, B inzidieren.

    ∀ A≠B∈P    ∃ g∈G  [(A, g) ∈ I ∧ (B, g) ∈ I]

II. Es gibt mindestens drei verschiedene Punkte, die nicht mit derselben Gerade inzidieren, d.h. sie sind nicht kollinear. → Es gibt ein echtes Dreieck. (Reichhaltigkeitsaxiom)

    ∃ A, B, C∈P    ∀ g∈G  [((A, g) ∈ I ∧ (B, g) ∈ I) → (C, g) ∉ I]

III. Zu jeder Geraden g gibt es durch jeden nicht mit ihr inzidierenden Punkt A genau eine Gerade h, die mit der Geraden g keinen gemeinsamen Punkt besitzt. (Euklidisches Parallelenaxiom)

    ∀ A∈P    ∀ g∈G ∧ (A,g) ∉ I    ∃ h∈G
    [(A, h) ∈ I ∧ (∀ X∈P (X, g) ∈ I → (X, h) ∉ I)]

### 2.3.3 Definition: projektive Inzidenzebene

Eine Inzidenzstruktur (P, G, I) heißt **projektive Inzidenzebene**, wenn folgendes gilt:

I.  Zu je zwei verschiedenen Punkten A,B gibt es genau eine Gerade g mit der die beiden Punkte A, B inzidieren.

    ∀ A, B ∈ P    ∃ g∈G  [(A, g) ∈ I ∧ (B, g) ∈ I]

II. Es gibt wenigstens vier verschiedene Punkte, von denen keine drei mit einer gemeinsamen Geraden inzidieren. → Es gibt ein echtes Viereck

III. ∃ A, B, C, D∈P    ∀ g∈G  [((A, g) ∈ I ∧ (B, g) ∈ I) → (C, g) ∉ I ∧ (D, g) ∉ I ]

IV. Je zwei verschiedene Geraden g und h schneiden sich genau in einem Punkt S, der mit beiden Geraden inzidiert

    . ∀ g, h ∈ G    ∃ S∈P  [(S, g) ∈ I ∧ (S, h) ∈ I]

## 2.4 Projektive Räume

### 2.4.1 Definition: projektiver Raum

Sei V ein beliebiger n+1 dimensionaler K-Vektorraum. Dann wird die Menge $\mathbf{P}(V)$ aller eindimensionalen Unterräume von V als den durch V induzierten **projektiven Raum** bezeichnet. Die Elemente von $\mathbf{P}(V)$ nennt man Punkt. Ist V zudem endlichdimensional, so hat $\mathbf{P}(V)$ die **projektiven Dimension**

$$\dim_K (\mathbf{P}(V)) := \dim_K (V) - 1$$

Insbesondere gilt $\mathbf{P}(\{0\}) = \emptyset$ und $\dim_K(\emptyset) = -1$

### 2.4.2 Beispiel

Ist $V = K^{n+1}$, so heißt $\mathbf{P}(V) = \mathbf{P}(K^{n+1})$ der kanonische n-dimensionale projektive Raum über K. Im Folgenden wird $\mathbf{P}(K^{n+1})$ auch durch $\mathbf{P^n}(K)$ abgekürzt.

### 2.4.3 Definition: Projektiver Unterraum

Sei $\mathbf{P}(V)$ der durch den beliebigen n+1 dimensionalen K-Vektorraum V induzierte projektive Raum und die Teilmenge $U := \cup_{P \in Z} P$, wobei P ein Punkt ist, ein Untervektorraum von V. Dann ist $Z \subset \mathbf{P}(V)$ selbst ein projektiver Raum, und zwar der **projektive Unterraum** $Z = \mathbf{P}(U)$ von $\mathbf{P}(V)$.

Man nennt $Z \subset P(U)$ eine

- Projektive Gerade, wenn $\dim Z = 1$
- Projektive Ebene, wenn $\dim Z = 2$

### 2.4.4 Beispiel

$Z = \{(x_1 : x_2 : x_3 : x_4) \in \mathbf{P^3}(K) \mid x_3 = x_4 = 0\}$ ist eine projektive Gerade $\rightarrow \dim Z = 1$

### 2.4.5 Homogene Koordinaten im projektiven Raum

Ist V ein K-Vektorraum und $v \in V \setminus \{0\}$, so bestimmt v eindeutig eine Gerade $g_v := \{\lambda \cdot v \mid \lambda \in K\}$ durch den Ursprung 0. Somit erhält man eine kanonische Abbildung:

$V \setminus \{0\} \rightarrow \mathbf{P}(V)$, $v \mapsto g_v$

Zwei Vektoren v, v' $\in V \setminus \{0\}$ bestimmen genau dann dieselbe Gerade, wenn sie linear abhängig sind, d.h. es gibt ein $\mu \in K$ mit $v' = \mu \cdot v$)

Gilt insbesondere $V = K^{n+1}$ und $v = (x_0, ..., x_n) \neq 0$, so setzen wir:

$(x_0 : x_1 : \ldots : x_n) := \{\lambda \cdot (x_0, \ldots, x_n) \mid \lambda \in K\}$

Dieses $(n+1)$ – Tupel nennt man **homogene Koordinaten** eines Punktes $P_n(K)$.

Zudem muss mindestens $x_i \neq 0$ sein $(i = 0, \ldots, n)$, da $v \neq 0$ gelten muss.

### 2.4.6 Definition: projektive Abbildung, Projektivität

Seien V, W K-Vektorräume. Eine Abbildung

$$f: \mathbf{P}(V) \rightarrow \mathbf{P}(W)$$

heißt **projektiv**, falls es eine injektive lineare Abbildung

$$F: V \rightarrow W$$

gibt mit

$$f(K \bullet v) = K \bullet F(v)$$

für alle $v \in V \setminus \{0\}$. Wir schreiben kurz:

$$f = \mathbf{P}(F)$$

Ist f zudem biijektiv, so heißt f eine **Projektivität.**

### 2.4.7 Definition Zentralprojektion

Seien $Z_1, Z_2 \subset \mathbf{P}(V)$ gleichdimensionale projektive Unterräume. Eine Abbildung

$$f: Z_1 \rightarrow Z_2$$

heißt **Zentralprojektion**, wenn es einen projektiven Unterraum $Z \subset \mathbf{P}(V)$ (das Zentrum von f) gibt, mit den folgenden Eigenschaften (vgl. auch Abbildung 6):

a) $Z \cap Z_1 = Z \cap Z_2 = \varnothing$

b) $Z \vee Z_1 = Z \vee Z_2 = \mathbf{P}(V)$

c) Für alle $P \in Z_1$ ist $f(p) = (Z \vee P) \cap Z_2.$

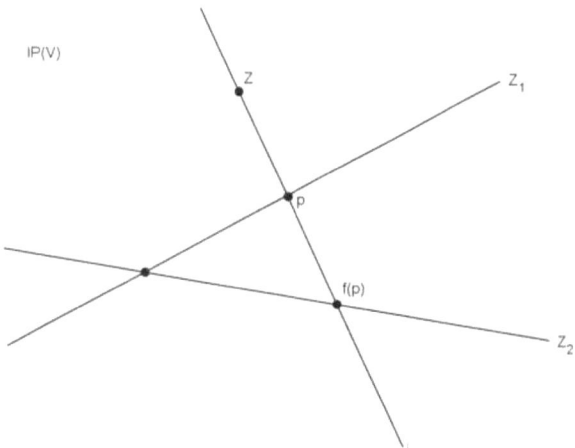

Abbildung 6: Veranschaulichung der Definition Zentralprojektion

Ist allgemein $Z_1 = \mathbf{P}(W_1)$, $Z_2 = \mathbf{P}(W_2)$ und $Z = \mathbf{P}(W)$ mit Untervektorräumen $W_1$, $W_2$, $W \subset V$, so sind die Bedingungen a) und b) zusammen gleichwertig mit

$$V = W \oplus W_1 = W \oplus W_2$$

### 2.4.8 Korollar

Jede Zentralprojektion ist eine Projektivität.

### Beweis:

Die Bezeichnung seien die gleichen wie in obiger Definition.
Sei

$$f : Z_1 \rightarrow Z_2$$

die gegebene Zentralprojektion. Dazu haben wir eine lineare Abbildung

$$F: W_1 \rightarrow W_2$$

mit $f = \mathbf{P}(F)$ zu finden. Eine geometrische Überlegung, siehe Abbildung 7, zeigt wie man vorgehen muss.

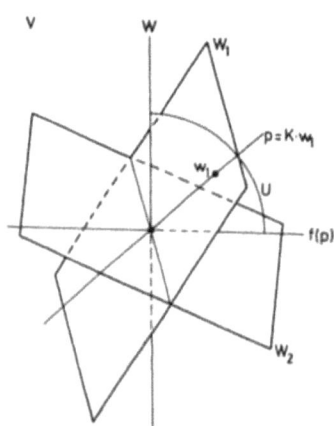

Abbildung 7: geometrische
Überlegung zur Suche der linearen
Abbildung

Aus der direkten Summenzerlegung erhält man eine Projektion

$$P : V = W \oplus W_2 \rightarrow W_2, \quad w + w_2 \mapsto w_2$$

Ihre Beschränkung auf $W_1$ bezeichnen wir mit F. Mit unseren Vorkenntnissen wissen wir bereits, dass F ein Isomorphismus ist, es genügt somit zu zeigen, dass $f = \mathbf{P}(F)$. Dazu betrachten wir für ein $p = K \cdot w_1 \in Z_1$ den Untervektorraum

$$U := W \oplus K \cdot w_1 \qquad \text{mit } \mathbf{P}(U) = Z \vee p$$

Nach Definition von F ist

14

$$F(K \cdot w_1) = U \cap W_2, \quad \text{also}$$

$$\mathbf{P}(F)(p) = \mathbf{P}(U \cap W_2) = (Z \vee p) \cap Z_2.$$

Das bedeutet insbesondere, dass $\mathbf{P}(F)(p) = f(p)$.

$\square$

### 2.4.9 Definition: projektiv unabhängig

Sei V ein (n+1) – dimensionaler K-Vektorraum. Dann heißen projektive Punkte $P_0$, ..., $P_r \in \mathbf{P}(V)$ **projektiv unabhängig**, falls eine der drei folgenden äquivalenten Bedingungen erfüllt ist:

    i.    Es existieren linear unabhängige Vektoren $v_0$, ..., $v_r$ mit $P_i = K * v_i$ für alle $i \in \{0, ..., r\}$.

    ii.    Jedes (r+1) – Tupel ($v_0$, ..., $v_r$) von Vektoren aus V mit $P_i = K * v_i$ für alle $i \in \{0, ..., r\}$ ist linear unabhängig.

    iii.    $\dim(\text{span}(P_0, ..., P_r)) = r$.

### 2.4.10 Definition: projektive Basis

Ein (n+2) – Tupel projektiver Punkte ($P_0$, ..., $P_{n+1}$) aus $\mathbf{P}(V)$ heißt **projektive Basis**, falls je n+1 dieser Punkte projektiv unabhängig sind.

# 3. Das Doppelverhältnis als Invariante projektiver Räume

## 3.1 Das Teilverhältnis

Das Teilverhältnis legt das Verhältnis dreier kollinearer Punkte A, T, B dar (vgl. Abbildung 6), indem aus den Abständen der Punkte der Quotient gebildet wird. Wir wissen bereits, dass das Teilverhältnis in affinen Räumen eine Invariante ist.

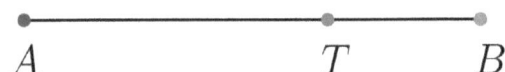

Abbildung 8: Teilverhältnis der kollinearen Punkte A, T, B

Das Teilverhältnis der Punkte A, T, B ist definiert als:

$$TV\ (A,\ T,\ B) = \frac{B-A}{T-A}$$

### 3.1.1 Korollar

In projektiven Räumen ist das Teilverhältnis keine Invariante.

**Beweis:**

Gegenbeispiel: Im projektiven Raum $\mathbf{P^1}(V)$, mit projektiver Basis $(P_0, P_1, P_2)$ werden zwei verschiedene affine Geraden gewählt, um die daraus hervorgehenden Teilverhältnisse zu vergleichen. Abbildung 7 veranschaulicht das Beispiel.

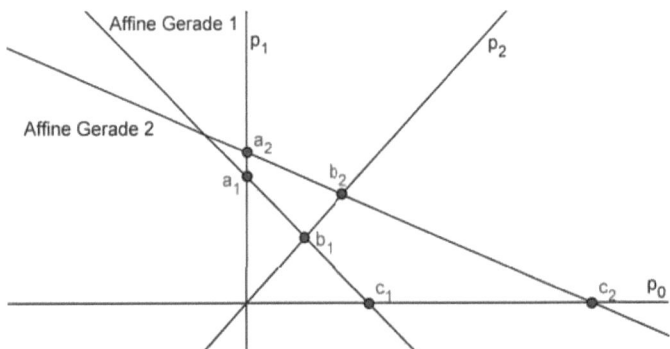

Abbildung 9: Teilverhältnis im projektiven Raum

Man erkennt sofort, dass das TV $(a_1, b_1, c_1)$ ungleich dem TV $(a_2, b_2, c_2)$ ist. → Das Teilverhältnis ist keine Invariante in projektiven Räumen.

16

## 3.2 Das Doppelverhältnis

### 3.2.1 Definition Doppelverhältnis

Seien $P_0$, $P_1$, $P_2$, $P_3$ $\in$ $\mathbf{P}(V)$ kollineare Punkte, $P_0$, $P_1$, $P_2$ verschieden und Z die projektive Gerade mit projektiver Basis ($P_0$, $P_1$, $P_2$). Sei K ein Körper und

k: $\mathbf{P}^1(K)$ → Z das Koordinatensystem mit:

k (1 : 0) = $P_0$ , k (0 : 1) = $P_1$ , k ( 1 : 1) = $P_2$

Dann ist mit ($\lambda$ : $\mu$) = $k^{-1}$ ($P_3$) $\in$ $\mathbf{P}(K)$,

$$DV\ (P_0, P_1, P_2, P_3) =\ \lambda : \mu$$

das **Doppelverhältnis** der Punkte $P_0$, $P_1$, $P_2$, $P_3$ gemeint. $\lambda$ : $\mu$ kann hier als Quotient verstanden werden, für den Fall $\mu = 0$ gilt, dass das Doppelverhältnis gleich $\infty$ ist.

### 3.2.2 Geometrische Interpretation des Doppelverhältnisses

Dazu betrachtet man das Doppelverhältnis der Punkte $P_0$, $P_1$, $P_2$, P wobei $P_0$, $P_1$, $P_2$ fest gewählt sind und P beliebig variiert wird. Dies wird betrachtet im $\mathbf{P}^1$(K):

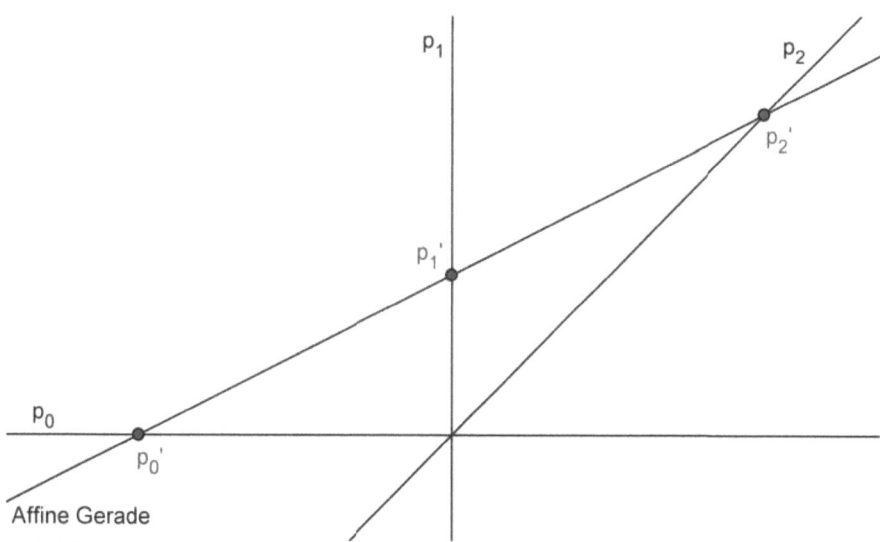

Abbildung 10: der $\mathrm{P}^1(K)$ mit zugehöriger affinen Geraden

Die Punkte $P_0$, $P_1$, $P_2$ spannen, wie nach Definition, das Koordinatensystem auf, in welches eine beliebige affine Gerade gelegt wird, die durch die Punkte $P_0$', $P_1$', $P_2$'.

Nun kann der Punkt P (Gerade durch Ursprung) beliebig gewählt werden. Die Veränderung des DV ($P_0$, $P_1$, $P_2$, P) veranschaulicht Abbildung 9.

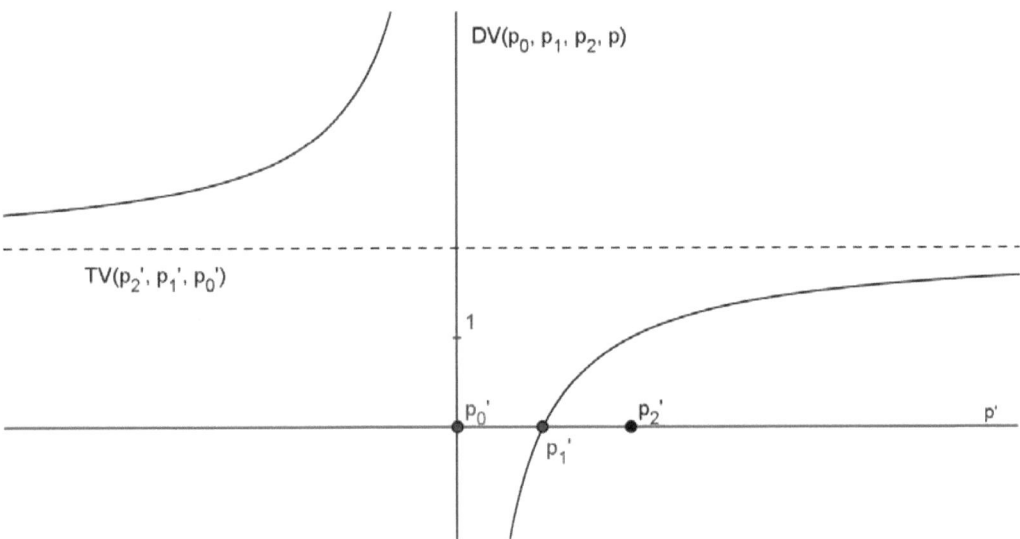

Abbildung 11: Die zu Abb.2 gehörige Darstellung des Doppelverhältnisses im Affinen

In Abbildung 9 ist die x-Achse die in Abbildung 8 gewählte affine Gerade. Wobei die y-Achse den Wert des Doppelverhältnisses in Abhängigkeit von der Wahl des Punktes P an. Ein beliebig gewählter Punkt P schneidet die affine Gerade in genau einem Punkt (außer P ist parallel zur affinen Geraden), dieser Punkt ist die Variable, die auf der x-Achse in Abbildung 9 variiert wird.

### 3.2.3 Beispiele zur Erklärung des Verhaltens des Doppelverhältnisses:

P = $P_0$ → Homogene Koordinaten von P sind: (1 : 0) → DV = ∞

P = $P_1$ → Homogene Koordinaten von P sind: (0 : 1) → DV = 0

P = $P_2$ → Homogene Koordinaten von P sind: (1 : 1) → DV = 1

Abbildung 9 hilft diese Beispiele besser zu verstehen. Um den kompletten Graphen zu verstehen, hilft die Beobachtung, dass der Quotient der homogenen Koordinaten des Punktes P immer der Kehrwert der Steigung dieses Punktes ist. (Betrachte ihn dazu als Gerade im $\mathbb{R}^2$.

Auch gilt:

P → $P_0$ von rechts ⇒ Steigung von P ist negativ und nähert sich 0

⇒ DV → -∞

P → $P_0$ von links ⇒ Steigung von P ist positiv und nähert sich 0

⇒ DV → ∞

Betrachtet man nun den Fall, das P parallel zur affinen Geraden ist, so sind die homogenen Koordinaten gleich dem Kehrwert der Steigung der affinen Geraden.

### 3.2.4 Korollar

Das Doppelverhältnis bleibt bei Projektivitäten erhalten, damit insbesondere bei Zentralprojektionen (vgl. Korollar 2.4.8).

### Beweis:

Sei f : $\mathbf{P}(V) \to \mathbf{P}(W)$ eine Projektivität, $P_0, P_1, P_2, P_3 \in \mathbf{P}(V)$ kollinear, Z deren Verbindungsgerade und Z' = f(Z) die abgebildete Gerade im $\mathbf{P}(W)$.
k sei wie in Definition 3.2.
Definiere k' : $\mathbf{P}^1(K) \to$ Z' mit

$$k' := f|_Z \circ k \iff k^{-1} = k'^{-1} \circ f|_Z$$
$$\to k'\ (1 : 0) = f(P_0),\ k'\ (0 : 1) = f(P_1),\ k'\ (1 : 1) = f(P_2)$$

Da somit $f(P_0), f(P_1), f(P_2)$ eine projektive Basis von Z' ist

$$\to \text{DV}\ (f(P_0), f(P_1), f(P_2), f(P_3)) = k'^{-1}\ (f(P_3)) = k'^{-1}\ (P_3) = \text{DV}\ (P_0, P_1, P_2, P_3)$$

$\square$

### 3.2.5 Beispiel

Seien $P_k = ((\lambda_k : \mu_k) \in \mathbf{P}^1(K)$ mit k = 0, 1, 2, 3 kollinear und $P_0, P_1, P_2$ paarweise verschieden.

$$\to \text{DV}\ (P_0, P_1, P_2, P_3) = \frac{\begin{vmatrix} \lambda_3 & \lambda_1 \\ \mu_3 & \mu_1 \end{vmatrix}}{\begin{vmatrix} \lambda_3 & \lambda_0 \\ \mu_3 & \mu_0 \end{vmatrix}} : \frac{\begin{vmatrix} \lambda_2 & \lambda_1 \\ \mu_2 & \mu_1 \end{vmatrix}}{\begin{vmatrix} \lambda_2 & \lambda_0 \\ \mu_2 & \mu_0 \end{vmatrix}}$$

### Beweis:

Wir verwenden das Koordinatensystem k: $\mathbf{P}^1(K) \to \mathbf{P}^1(K)$, aus

$$k\ (1 : 0) = (\lambda_0 : \mu_0),\ k\ (0 : 1) = (\lambda_1 : \mu_1)$$

folgt, dass die von k induzierte Abbildungsmatrix folgende Form hat:

$$A = \begin{pmatrix} a\lambda_0 & b\lambda_1 \\ a\mu_0 & b\mu_1 \end{pmatrix}\ \ a,b \in K \setminus \{0\}$$

Die zusätzliche Bedingung:

$$k(1 : 1) = (\lambda_2 : \mu_2)$$

führt zu folgendem linearen Gleichungssystem:

$$a\lambda_0 + b\lambda_1 = c\lambda_2$$
$$a\mu_0 + b\mu_1 = c\mu_2$$

Wähle nun:

$$c = \begin{vmatrix} \lambda_0 & \lambda_1 \\ \mu_0 & \mu_1 \end{vmatrix}$$

$$\rightarrow \text{LGS} \begin{pmatrix} \lambda_0 & \lambda_1 & c\lambda_2 \\ \mu_0 & \mu_1 & c\mu_2 \end{pmatrix}$$

Mit der bekannten Cramerschen Regel folgt:

$$a = \frac{\begin{vmatrix} c\lambda_2 & \lambda_1 \\ c\mu_2 & \mu_1 \end{vmatrix}}{c} = \begin{vmatrix} \lambda_2 & \lambda_1 \\ \mu_2 & \mu_1 \end{vmatrix}$$

$$b = \frac{\begin{vmatrix} \lambda_0 & c\lambda_2 \\ \mu_0 & c\mu_2 \end{vmatrix}}{c} = \begin{vmatrix} \lambda_0 & \lambda_2 \\ \mu_0 & \mu_2 \end{vmatrix}$$

$$\rightarrow A = \begin{pmatrix} \lambda_0 \begin{vmatrix} \lambda_2 & \lambda_1 \\ \mu_2 & \mu_1 \end{vmatrix} & \lambda_1 \begin{vmatrix} \lambda_0 & \lambda_2 \\ \mu_0 & \mu_2 \end{vmatrix} \\ \mu_0 \begin{vmatrix} \lambda_2 & \lambda_1 \\ \mu_2 & \mu_1 \end{vmatrix} & \mu_1 \begin{vmatrix} \lambda_0 & \lambda_2 \\ \mu_0 & \mu_2 \end{vmatrix} \end{pmatrix}$$

Mit Hilfe der komplementären Matrix $A^{\#}$ und der Rechenregel $A^{-1} = \frac{1}{detA} A^{\#}$ folgt:

$$A^{-1} = \frac{1}{detA} \begin{pmatrix} \mu_1 \begin{vmatrix} \lambda_0 & \lambda_2 \\ \mu_0 & \mu_2 \end{vmatrix} & -\lambda_1 \begin{vmatrix} \lambda_0 & \lambda_2 \\ \mu_0 & \mu_2 \end{vmatrix} \\ -\mu_0 \begin{vmatrix} \lambda_2 & \lambda_1 \\ \mu_2 & \mu_1 \end{vmatrix} & \lambda_0 \begin{vmatrix} \lambda_2 & \lambda_1 \\ \mu_2 & \mu_1 \end{vmatrix} \end{pmatrix}$$

Nun berechnen wir $k^{-1}$ $(\lambda_3 : \mu_3)$:

$$(detA)\, A^{-1} \begin{pmatrix} \lambda_3 \\ \mu_3 \end{pmatrix} = \begin{pmatrix} \begin{vmatrix} \lambda_3 & \lambda_1 \\ \mu_3 & \mu_1 \end{vmatrix} \cdot \begin{vmatrix} \lambda_0 & \lambda_2 \\ \mu_0 & \mu_2 \end{vmatrix} \\ \begin{vmatrix} \lambda_0 & \lambda_3 \\ \mu_0 & \mu_3 \end{vmatrix} \cdot \begin{vmatrix} \lambda_2 & \lambda_1 \\ \mu_2 & \mu_1 \end{vmatrix} \end{pmatrix}$$

$$\rightarrow \text{DV} ((P_0, P_1, P_2, P_3) = \begin{vmatrix} \lambda_3 & \lambda_1 \\ \mu_3 & \mu_1 \end{vmatrix} \begin{vmatrix} \lambda_0 & \lambda_2 \\ \mu_0 & \mu_2 \end{vmatrix} : \begin{vmatrix} \lambda_0 & \lambda_3 \\ \mu_0 & \mu_3 \end{vmatrix} \begin{vmatrix} \lambda_2 & \lambda_1 \\ \mu_2 & \mu_1 \end{vmatrix}$$

$$= \frac{\begin{vmatrix} \lambda_3 & \lambda_1 \\ \mu_3 & \mu_1 \end{vmatrix}}{\begin{vmatrix} \lambda_3 & \lambda_0 \\ \mu_3 & \mu_0 \end{vmatrix}} : \frac{\begin{vmatrix} \lambda_2 & \lambda_1 \\ \mu_2 & \mu_1 \end{vmatrix}}{\begin{vmatrix} \lambda_2 & \lambda_0 \\ \mu_2 & \mu_0 \end{vmatrix}}$$

$\square$

### 3.2.6 Satz

Seien $p_k = (x^k_0 : \ldots : x^k_n) \in \mathbf{P^n}(K)$, $k = 0, 1, 2, 3$, $n \geq 2$ kollinear.

$\rightarrow \exists\ i, j \in \{0, \ldots, n\}$, $i \neq j \mid (x^0_i : x^0_j)$, $(x^1_i : x^1_j)$, $(x^2_i : x^2_j) \in \mathbf{P^1}(K)$

und dann ist

$$DV\,(P_0, P_1, P_2, P_3) = \frac{\begin{vmatrix} x^3_i & x^1_i \\ x^3_j & x^1_j \end{vmatrix}}{\begin{vmatrix} x^3_i & x^0_i \\ x^3_j & x^0_j \end{vmatrix}} : \frac{\begin{vmatrix} x^2_i & x^1_i \\ x^2_j & x^1_j \end{vmatrix}}{\begin{vmatrix} x^2_i & x^0_i \\ x^2_j & x^0_j \end{vmatrix}}$$

### Beweis:

Sei $Z \subset \mathbf{P^n}(K)$ die Verbindungsgerade von $P_0, P_1, P_2, P_3$ und $Z = \mathbf{P}(W)$ ($\rightarrow \dim W = 2$)
Betrachte nun die Abbildung

$$F_{ij} : W \rightarrow K^2 \quad , \quad x \mapsto (x_i, x_j)$$

Annahme: $\forall i, j \in \{0, \ldots, n\} \mid \ker F_{ij} \supset \{0\}$

$$\rightarrow \forall i, j \in \{0, \ldots, n\} \ \exists\ w_{ij} \in W \mid w_{ij} = \begin{pmatrix} x_0 \\ \vdots \\ x_n \end{pmatrix}, x_i = x_j = 0$$

$$\rightarrow \dim W > 2 \rightarrow \text{Widerspruch, da } n \geq 2$$

$\rightarrow \exists\ i, j \in \{0, \ldots, n\} \mid \ker F_{ij} = \{0\}$. Dann ist $F_{ij}$ injektiv und sogar bijektiv, da

$\dim W = \dim K^2$, zusätzlich auch noch linear. Sei nun $f_{ij} := \mathbf{P}(F_{ij})$

$\rightarrow f_{ij}$ ist Projektivität mit $f_{ij} : Z \rightarrow \mathbf{P^1}(K)$, $x = (x_0 : \ldots : x_n) \mapsto (x_i : x_j)$

$\rightarrow DV\,(P_0, P_1, P_2, P_3) = DV\,(f_{ij}(P_0), f_{ij}(P_1), f_{ij}(P_2), f_{ij}(P_3))$

$\rightarrow$ Behauptung mit Beispiel 3.6

$\square$

### 3.2.7 Beziehung zwischen Teilverhältnis und Doppelverhältnis

Wähle $P_k = (1 : \mu_k) \in \mathbf{P^1}(K)$, $k = 0, 1, 2, 3$

$\rightarrow$ Alle $P_k$ schneiden die affine Gerade mit $x_0 = 1$.

$\rightarrow$ Für je drei Punkte ist auch das Teilverhältnis definiert. Damit folgt für das

Doppelverhältnis durch einsetzen in die Formel aus Satz 3.7 :

$$DV\,(P_0, P_1, P_2, P_3) = \frac{\mu_1 - \mu_3}{\mu_0 - \mu_3} : \frac{\mu_1 - \mu_2}{\mu_0 - \mu_2} = TV\,(\mu_3, \mu_0, \mu_1) : TV\,(\mu_2, \mu_0, \mu_1) \qquad (\#)$$

$$= TV\,(\mu_3, \mu_0, \mu_1) \cdot TV\,(\mu_2, \mu_1, \mu_0)$$

Interpretiert man dies geometrisch, so entspricht es der Wahl einer affinen Geraden mit
$x_0 = 1$ im $\mathbf{P^1}(K)$ und die Betrachtung der Teilverhältnisse der so entstandenen
Schnittpunkte mit den projektiven Punkten (vgl. hierzu Abbildung 12).

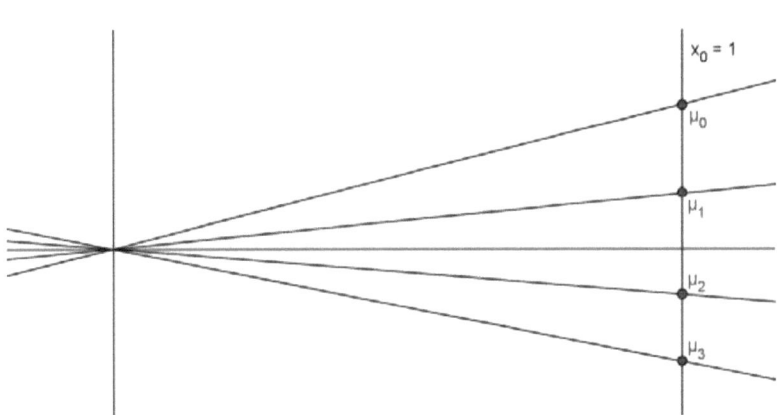

Abbildung 12: Punkte im $\mathbb{P}^1(K)$ mit affiner Geraden $x_0 = 1$

Man muss nun noch den Fall betrachten, dass einer der Punkte auf der unendlich-fernen Geraden liegt. Dies lässt sich auch wieder mit Teilverhältnissen darstellen durch Einsetzen in die Formel aus Satz 3.7.

Setze $P_0 = (0 : 1)$ dann ist

$$DV\ (P_0, P_1, P_2, P_3) = \frac{\mu_3 - \mu_1}{\mu_2 - \mu_1} = TV\ (\mu_1, \mu_2, \mu_3)$$

Setze $P_1 = (0 : 1)$ dann ist

$$DV\ (P_0, P_1, P_2, P_3) = \frac{\mu_2 - \mu_0}{\mu_3 - \mu_0} = TV\ (\mu_0, \mu_3, \mu_2)$$

Setze $P_2 = (0 : 1)$ dann ist

$$DV\ (P_0, P_1, P_2, P_3) = \frac{\mu_1 - \mu_3}{\mu_0 - \mu_3} = TV\ (\mu_0, \mu_3, \mu_1)$$

Setze $P_3 = (0 : 1)$ dann ist

$$DV\ (P_0, P_1, P_2, P_3) = \frac{\mu_0 - \mu_2}{\mu_1 - \mu_2} = TV\ (\mu_2, \mu_1, \mu_0)$$

# 4. Harmonische Punkte

Kollineare Punkte, die sich in einer besonderen Lagebeziehung befinden werden mit dem Terminus der Harmonischen Punkte bezeichnet.

## 4.1 Definition: Harmonische Punkte

Sei K ein Körper mit char K $\neq$ 2, V ein K-Vektorraum und $\mathbf{P}(V)$ der zugehörige projektive Raum. Zudem seien $P_0$, $P_1$, $P_2$, $P_3 \in \mathbf{P}(V)$ kollinear und paarweise verschieden. Die Punktepaare $(P_0,P_1)$ und $(P_2,P_3)$ **liegen bzw. trennen sich harmonisch**, wenn gilt:

$$DV (P_0, P_1, P_2, P_3) = -1.$$

## 4.2 Bemerkung

Im affinen Fall, wissen wir, dass das Doppelverhältnis als Verhältnis von Teilverhältnissen aufgefasst werden kann. Haben wir nun eine Gerade durch zwei Punkte $P_0$, $P_1$ gegeben und liegt $P_2$ auf dieser Geraden zwischen $P_0$ und $P_1$ (teilt diese somit in einem bestimmten Verhältnis), so fordert die oben genannte Bedingung DV = -1 einen weiteren Punkt $P_3$, der außerhalb dieser Strecke liegt, welcher aber diese im betragsmäßig gleichem Verhältnis teilt. Abbildung 12 liefert ein konkretes Beispiel mit folgenden Punkten.

$P_i := (1 : \mu_i) \in \mathbf{P^1}(\mathbb{R})$, $P_0 := (1 : 0)$, $P_1 := (1 : 3)$, $P_2 := (1 : 2)$, $P_3 := (1 : 6)$

Dann folgt für das Doppelverhältnis mit (#) aus 3.8:

$Dv (P_0, P_1, P_2, P_3) = \frac{\mu_1-\mu_3}{\mu_0-\mu_3} : \frac{\mu_1-\mu_2}{\mu_0-\mu_2} = TV (\mu_3, \mu_0, \mu_1) : TV (\mu_2, \mu_0, \mu_1) = \frac{1}{2} : (-\frac{1}{2}) = -1$

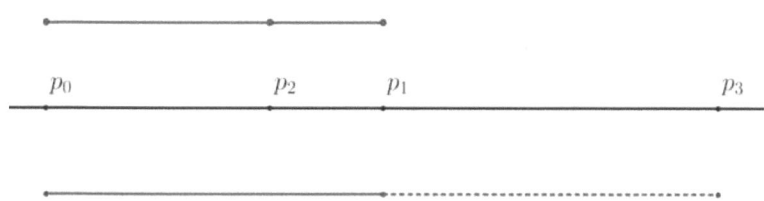

Abbildung 13: Harmonische Punkte

## 4.2 Korollar: harmonisch

Die Voraussetzungen aus Definition 4.1 seien gültig. Die Punktepaare $(P_0, P_1)$ und $(P_2, P_3)$ liegen genau dann harmonisch, wenn folgendes gilt:

$$DV (P_0, P_1, P_2, P_3) = DV (P_1, P_0, P_2, P_3).$$

## Beweis:

Für den Beweis werden die Eigenschaften des Doppelverhältnisses benützt.

„$\Rightarrow$"  nach Voraussetzung liegen die Punktepaare $(P_0, P_1)$ und $(P_2, P_3)$ harmonisch, somit gilt also das Doppelverhältnis.

$DV (P_0, P_1, P_2, P_3) = -1$.

Daraus ergibt sich folgendes:

$$DV (P_0, P_1, P_2, P_3) = -1 = (-1)^{-1} = DV(P_0, P_1, P_2, P_3)^{-1} = DV(P_1, P_0, P_2, P_3)$$

„$\Leftarrow$"  nach Voraussetzung gilt $DV (P_0, P_1, P_2, P_3) = DV (P_1, P_0, P_2, P_3)$. Da nach Definition 4.1 die Punkte paarweise verschieden sind gilt $P_2 \neq P_3$, d.h.

$DV (P_0, P_1, P_2, P_3) \neq 1$, und

$$DV (P_0, P_1, P_2, P_3)^2 = DV (P_0, P_1, P_2, P_3) \, DV (P_0, P_1, P_2, P_3)^{-1} = 1$$

$\rightarrow$ die Behauptung $DV (P_0, P_1, P_2, P_3) = -1$.

$\square$

# 5. Vollständiges Vierseit

Da der Begriff der Harmonischen Punkte nun geklärt worden ist, soll im nächsten Schritt eine Entwicklung von Beziehungen zwischen unterschiedlichen Objekten der Geometrie in der Ebene stattfinden.

## 5.1 Definition: Vollständiges Vierseit

Ein **vollständiges Vierseit** in einer projektiven Ebene setzt sich zusammen aus:

- vier Geraden $Z_1$, $Z_2$, $Z_3$, $Z_4$ in allgemeiner Lage (keine drei der Geraden haben einen gemeinsamen Schnittpunkt) (= Seiten)
- Schnittpunkten $p_1$, $p_2$, ..., $p_6$ dieser Geraden (= Ecken), wobei sich jeweils nur zwei Geraden schneiden
- Drei nicht mit einer der Geraden $Z_k$ ($k \in \mathbb{N}$) identischen Verbindungsgeraden $Q_1$, $Q_2$, $Q_3$ (= Diagonalen) zwischen je zwei dieser Ecken $p_i \neq p_j$ ($i$, $j \in \mathbb{N}$), deren Schnittpunkte werden mit $q_1$, $q_2$, $q_3$ bezeichnet.
  (Vgl. Abb. 15)

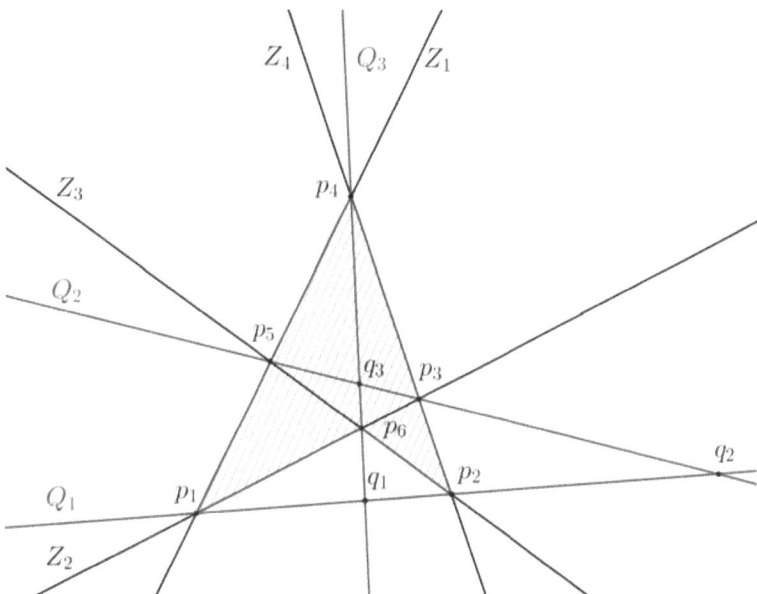

Abbildung 14: Vollständiges Vierseit

## 5.2 Satz vom vollständigen Vierseit

Die Punktepaare $(p_i, p_j)$ und $(q_k, q_l)$, die auf einer beliebigen Diagonalen $Q_1$, $Q_2$, $Q_3$ eines vollständigen Vierseits liegen mit den Schnittpunkten bzw. Ecken $p_1$, $p_2$, ..., $p_6$ und den Schnittpunkten der Diagonalen $q_1$, $q_2$, $q_3$ sind in harmonischer Lage.


### Beweis:

Der Beweis erfolgt exemplarisch für die Punktepaare $(p_1, p_2)$ und $(q_1, q_2)$. Nach Definition wissen wir, dass harmonische Lage bedeutet, dass das Doppelverhältnis der Punkte -1 ist. Nach Korollar 4.2 reicht es folgende Gleichung zu zeigen:

$$DV\,(p_1, p_2, q_1, q_2) = DV\,(p_2, p_1, q_1, q_2)$$

Aus 3.5 wissen wir bereits, dass die Eigenschaft des Doppelverhältnisses bei Projektionen erhalten bleibt.

Betrachtet man Abbildung 15 so kann man folgenden Projektionen erkennen:

- Projektion $Q_1 \rightarrow Q_2$ mit Zentrum $p_4$:

$$DV\,(p_1, p_2, q_1, q_2) = DV\,(p_5, p_3, q_3, q_2) \qquad (a)$$


- Projektion $Q_2 \rightarrow Q_1$ mit Zentrum $p_6$:

$$DV\,(p_5, p_3, q_3, q_2) = DV\,(p_2, p_1, q_1, q_2) \qquad (b)$$


Daraus folgt:

$$\text{mit (a)} \Downarrow \qquad\qquad \text{mit (b)} \Downarrow$$

$$DV\,(p_1, p_2, q_1, q_2) = DV\,(p_5, p_3, q_3, q_2) = DV\,(p_2, p_1, q_1, q_2) = -1$$

$\square$

# 6. Der Satz von Pappus

Der Satz von Pappus hat ein 6-eck einer projektiven Ebene, dessen Ecken abwechselnd auf zwei Geraden liegen, zum Inhalt. Er sagt aus, dass wenn sich zwei Ecken eines Sechsecks abwechselnd auf zwei Geraden befinden, dann treffen sich die drei Paare entgegengesetzter Seiten in drei kollinearen Punkten. Abbildung 16 veranschaulicht den Satz von Pappus.

Es sei $\mathbf{P}(V)$ eine projektive Ebene. g und g' sind zwei Geraden in $\mathbf{P}(V)$, deren Schnittpunkt O ist. Zum einen sind A, B, C paarweise verschieden und liegen auf der Geraden g, d.h. A, B, C sind kollinear. Zum anderen sind A', B', C' auch paarweise verschieden und liegen auf der Geraden Z', d.h. auch A', B', C' sind kollinear.
Sind diese Voraussetzungen erfüllt so sind auch folgende Schnittpunkte R, S, T der Verbindungsgeraden AB', BA' und AC', CA' sowie BC', CB' kollinear.

$$R := (A \vee B') \cap (B \vee A'), \; S := (A \vee C') \cap (C \vee A'), \; T := (B \vee C') \cap (C \vee B')$$

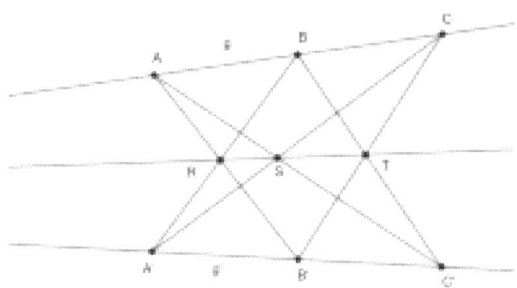

Abbildung 15: Veranschaulichung des Satzes von Pappus

## Beweis:

Der Beweis beruht hauptsächlich darauf, dass es eine Verbindung gibt zwischen der Gleichheit des Doppelverhältnisses und Kollinearität von Punkten.
Nach Voraussetzung sind zwei Geraden g, g' gegeben, die sich in einem Punkt O schneiden. Weiter seien A, B, C Punkte der Geraden g und A', B', C' Punkte der Geraden g'. S sei ein Punkt der weder auf g noch auf g' liegt. Gilt nun:
DV (O, A, B, C) = DV (O, A', B', C'), so liegen die Punkte B, B', S auf einer Geraden.
Nun muss gezeigt werden, dass DV (B, U, R, A') = DV (B, V, T, C'). Hierzu projeziert

man zuerst die gerade BA' von A aus auf die Gerade OC'. Dann gilt mit 3.5 (das Doppelverhältnis bleibt bei Zentralprojektion erhalten):

$$DV (B, U, R, A') = DV (O, A', B', C')$$

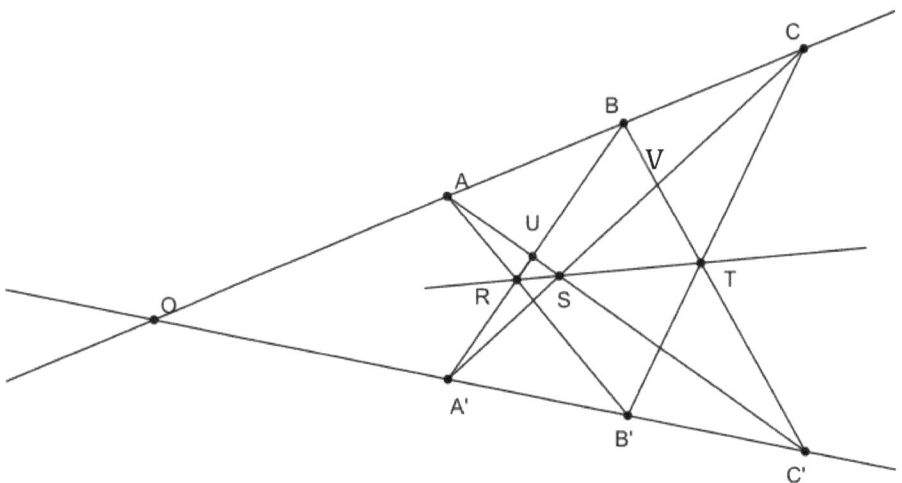

Abbildung 16: Beweis Satz von Pappus

Nun wird die Gerade BC' von C aus auf OC' projiziert. Dann gilt wieder:

$$DV (B, V, T, C') = DV (O, A', B', C').$$

Also insgesamt:

$$DV (B, U, R, A') = DV (B, V, T, C')$$

# 6. Literaturverzeichnis

Alainis, J. (2012). *Projektive Geometrie.* Kassel
Verfügbar unter: http://www.mathematik.uni-kassel.de/~seiler/Courses/ProjGeom-1112/JonathanAlainis.pdf (23.7.15)


Engler, T. (2010). *Projektive Geometrie.* Kassel
Verfügbar unter: http://www.mathematik.uni-kassel.de/~seiler/Courses/ProjGeom-0910/ThomasEngler.pdf (23.7.15)

Fischer, G. (1992). Analytische Geometrie. Wiesbaden: Springer Verlag

Koecher, M., Krieg, A. (2007). *Ebene Geometrie, 3. Auflage.* Berlin: Springer Verlag

Pejas, W. (1975). *Projektive Geometrie.* Düsseldorf: Pädagogischer Verlag Schwann.

Wahner, M. (2011). *Gruppen von geometrischen Transformationen Die euklidische und die projektive Gruppe.* Dortmund
Verfügbar unter: http://www.mathematik.uni-dortmund.de/~lschwach/SS11/Seminar_II/Seminarvortrag_Wahner.pdf (23.7.15)

Zacharias, M. (1951). *Einführung in die projektive Geometrie.* Leipzig: B. G. Verlagsgesellschaft